這本書屬於：

繪本 0257

乖乖溜滑梯

文・圖｜陳致元

責任編輯｜黃雅妮、陳毓書　美術設計｜林家蓁　改版設計｜王瑋薇　行銷企劃｜陳詩茵

天下雜誌群創辦人｜殷允芃　董事長兼執行長｜何琦瑜

兒童產品事業群

副總經理｜林彥傑　總編輯｜林欣靜　主編｜陳毓書　版權主任｜何晨瑋、黃微真

出版者｜親子天下股份有限公司 地址｜台北市 104 建國北路一段 96 號 4 樓

電話｜（02）2509-2800 傳真｜（02）2509-2462 網址｜www.parenting.com.tw

讀者服務專線｜（02）2662-0332　週一～週五：09:00~17:30

讀者服務傳真｜（02）2662-6048

客服信箱｜parenting@cw.com.tw

法律顧問｜台英國際商務法律事務所‧羅明通律師

製版印刷｜中原造像股份有限公司

總經銷｜大和圖書有限公司　電話：（02）8990-2588

出版日期｜2017 年 5 月第一版第一次印行

　　　　　2022 年 8 月第二版第五次印行

定　價｜280 元　書　號｜BKKP0257P　ISBN｜978-957-503-652-2（精裝圓角）

訂購服務 ————————

親子天下 Shopping｜shopping.parenting.com.tw　海外‧大量訂購｜parenting@cw.com.tw

書香花園｜台北市建國北路二段 6 巷 11 號 電話（02）2506-1635　劃撥帳號｜50331356 親子天下股份有限公司

立即購買 >

有聲故事書

乖乖溜滑梯

乖乖坐在一個很高很高的滑梯上，坐了好久好久。

大_{ㄉㄚˋ}家_{ㄐㄧㄚ}說_{ㄕㄨㄛ}：

「溜_{ㄌㄧㄡ}下_{ㄒㄧㄚˋ}來_{ㄌㄞˊ}、 溜_{ㄌㄧㄡ}下_{ㄒㄧㄚˋ}來_{ㄌㄞˊ}。」

朵朵說：

「換我溜滑梯了。」

乖乖說：「不行， 我先來的，
我要先溜滑梯。」

克克走上溜滑梯說：「請你趕快溜下去。」
乖乖說：「我還在想一個厲害的
方法溜滑梯。」

朵朵說：「媽媽說不可以用奇怪的方法溜滑梯，那樣會受傷。」

乖乖坐在滑梯上，沒有溜下來。

毛毛、拉拉、泡泡一起走上滑梯，說：
「換我們溜滑梯，我們等很久了。」

乖乖說：「可是我還沒有決定要用什麼厲害的方法溜滑梯。」
「而且，是我先來的，我要先溜滑梯。」

乖乖坐在滑梯上，沒有溜下來。
大家生氣的說：「乖乖，快點溜下來，
我們要溜滑梯。」

乖乖哭了起來，
「我想溜滑梯，可是我不敢。」

剛剛走上來的大大說：
「不要怕，我陪你一起溜滑梯。」

大ㄉㄚˋ大ㄉㄚˋ和ㄏㄢˋ乖ㄍㄨㄞ乖ㄍㄨㄞ
一ㄧˋ起ㄑㄧˇ溜ㄌㄧㄡ滑ㄏㄨㄚˊ梯ㄊㄧ。

「再來一次。
我要溜了喔！」
乖乖說。

現在，乖乖可以自己溜滑梯了。

大家一起排隊玩溜滑梯，咻——真好玩！

乖乖和朋友一起玩

翹翹板，一人坐一邊。

玩跳繩，抬腳往上跳。

玩沙堆，一起蓋城堡。

平衡木，雙手張開走。